生き物の分類と学名

生き物は、同じ特徴を多くもつものどうしを集めた「目」「科」「属」「種」などの階級でグループわけされていて、これを分類といいます(後ろ表紙のうら参照)。また、生き物には世界共通で使われる学名があります。学名は、属の名前と種の名前をあわせて記しているので、学名の属の部分を見れば、近い種の生き物がわかるのです。人間の氏名に例えると、属が名字、種が名前といえるかもしれませんね。

アムールトラの分類と学名

食肉目は肉食動物で、獲物をとらえる歯のほか、目や鼻、耳などが発達している。ネコ科、イヌ科、クマ科、ハイエナ科、イタチ科、マングース科などが含まれる。

ネコ科には大型の猛獣から小型のものまでいる。ネコ属、チーター属、オオヤマネコ属、ヒョウ属などが含まれる。

分類	食肉目ネコ科
学名	*Panthera tigris altaica*

学名の*Panthera*は属の名前。日本語でヒョウ属のこと。ヒョウ属にはヒョウのほかに、トラ、ライオン、ジャガーがいる。

学名の*altaica*は亜種の名前。同じ種なのに、ちがう種に見えるほど大きさや模様にちがいがあるときは、種の下に亜種を用いる。

学名の*tigris*は種の名前。日本語でトラのこと。種は生き物をグループわけするうえで、もっとも基本になるもの。

コワい生き物のすごいひみつ

① 凶暴な生き物はすごい！

新宅 広二【監修】
髙橋 剛広【著】

合同出版

はじめに

　みなさんは"コワい生き物"について、どれだけ知っていますか？

　じつは野生動物の調査は、命がけでとてもむずかしく、その生態がすべて解明されているわけではありません。この本には、ライオン、トラ、オオカミ、ワニなど、だれでも知っている人気動物がたくさん登場します。ところが、この動物たちですら、いまだになぞが多かったり新しい発見があったり、おどろくような調査や研究が、今なお報告されているのです。

　ですから、この本に出てくる猛獣たちの"コワさ"はおおきな魅力の一つですが、魅力はそれにとどまりません。大きなきばやつめをふりかざして凶暴そうに見える猛獣たちも、好きな相手には一生懸命けなげに自分の気持ちをアピールするものもいます。また、人間と同じようにやさしい心をもって子育てする一面もあります。人間から見て"コワい生き物"でも、その子どもにとっては、かけがえのないやさしいお母さんなのです。そんななぞに満ちた生き物たちの魅力を、あなた自身が引き出して発見してみてください。

　この本では、新たな魅力を発見するお手伝いができるよう、生き物たちのすぐれた能力や意外な一面を"すごいひみつ"情報としてまとめました。これまで興味がなかった生き物の魅力を、自分で探すことはとても大切なことです。みなさんの友だちづくりにもきっと役に立ちますし、自分自身の世界が大きく広がっていくことでしょう。

生態科学研究機構 理事長　新宅広二

この本の使い方

- 脊椎動物＊の分類（ほ乳類・鳥類・は虫類・両生類・魚類）
- 生き物の分類
- すごい能力や意外な一面を簡単に説明しています。
- 英名（英語の名前）
- 和名（日本語の名前）
- 学名（ラテン語で書かれた世界共通で使われる名前）
- 体の特徴や生活のしかたなどを説明しています。

コディアックヒグマ
Kodiak bear

ほ乳類

分類 食肉目クマ科
学名 Ursus arctos middendorffi

コディアックヒグマのすごいひみつ

すさまじい腕力と大きな体をもち、ヒグマのなかでも最強といわれるコディアックヒグマは、巨大な体で寒さをふせいでいます。

大歯 — とても鼻が良く、数km先のにおいもかぎつけることができるという。また、地面のなかにうめたエサのにおいもわかる。

最大400kgものかむ力をもつ。植物よりも肉を多く食べるため、獲物をとらえる犬歯はすごく発達している。

筋肉のかたまりのようなひづめと、植物を引きさく強力なつめをもつ。人間なら一撃でひとたまりもなくふっとんでしまうことだろう。

巨大な体のわりに足は意外と速く、時速50kmほどで走る。また、泳ぐのも苦手ではない。

「巨大化」のひみつ

寒い地域でくらす恒温動物の体は大きくなります。そのため、日本より北にすむコディアックヒグマはエゾヒグマより2〜3倍大きな体をしています（→p.10）。また、コディアックヒグマがくらす場所には、卵を生むためにたくさんのサケが川をのぼってきます。食料が豊富なため、ほかの地域にすむヒグマよりも大きくなるのです。子グマは狩りなど一人で生きていくための方法を、2年ほどかけて母親から学び、成長していきます。

ヒグマとホッキョクグマの子ども

2006年、カナダ北部でホッキョクグマの母親と、ヒグマの父親のあいだに生まれた雑種のクマが見つかった。これまでにも動物園ではこのような雑種が生まれていたが、自然で発見されたのは初めて。地球温暖化の影響から生息域が重なるようになったのが原因ではと心配する研究者もいる。

基本データ
- 最大体長 2.8m
- 最大体重 800kg
- 生息域 アラスカ半島沿岸部やコディアック島付近の最大の森林

ヒグマの仲間の生息域

- コワさを表したイラスト。その生き物がもつ凶暴さを表しています。
- 迫力ある写真で、生き物の姿かたちを表しています。
- 大きさや重さ、生息域（すんでいるところ）をしめしています。体長や体重は最大値です。
- どこがコワいのかをアイコンでしめしています。
- すごい能力や意外な一面などをくわしく解説しています。
- どこにすんでいるかをしめした地図です。
- かこみトピックでは、その生き物にまつわる話のほか、生き物の仲間を紹介・解説しています。

＊脊椎動物：背骨のある動物

もくじ

はじめに ……………………………………………… 2

この本の使い方 ……………………………………… 3
　ほん つか かた

このきば！　このつめ！　だれのもの？ ………… 6

コワい生き物ってどんな生き物？ ………………… 8
　　　い もの　　　　　　い もの

生き物のサイズはどうやって決まる？ ……………10
　い もの　　　　　　　　　　　き

コディアックヒグマ …………………………………12

ハイイロオオカミ ……………………………………14

アムールトラ …………………………………………16

ネコ科の猛獣の仲間 …………………………………18
　　か もうじゅう なかま

ライオンのたてがみはなぜあるの？ ………………19

ブチハイエナ …………………………………………20

ラーテル ………………………………………………22

フイリマングース 24

ヒョウアザラシ 26

オウギワシ 28

アミメニシキヘビ 30

大蛇の仲間 32

❓ ヘビにはどうして足がない？ 33

イリエワニ 34

コモドオオトカゲ 36

ワニガメ 38

オオメジロザメ 40

アリゲーターガー 42

デンキウナギ 44

おわりに 46

さくいん 47

このきば！このつめ！だれのもの？

凶暴な生き物の武器といえば、「するどくとがったきば」や「大きなつめ」をイメージするでしょう。生き物のきばやつめは、獲物をとらえるため、または、食べるために発達しました。ここでは、この本に登場するコワい生き物のきばやつめを紹介します。このきばやつめがだれのものか、わかるかな？

大きな手に長いつめ！このつめのもち主は12ページに！

するどいきばと歯がならぶ！このきばのもち主は26ページに！

長くのびたするどいきば！このきばのもち主は16ページに！

大きくてするどい
かぎづめ！
このつめのもち主は
28ページに！

太い歯が
たくさんならぶ！
この歯のもち主は
34ページに！

ペンチのような
大きなあご！
このあごのもち主は
38ページに！

（写真提供：鳥羽水族館）

たくさんならんだ
のこぎりのような歯！
この歯のもち主は
42ページに！

コワい生き物ってどんな生き物?

生態系ピラミッド

草食動物や小さな肉食動物を食べる肉食動物

おもに植物を食べる草食動物や、ミミズなどの小さな動物を食べる肉食動物

植物や菌類、ミミズなどの小さな動物

⚡ 肉食動物の武器のひみつ

　コワい生き物の「するどくとがったきば」や「大きなつめ」は、見るからにおそろしいですね。このようなきばやつめをもつ動物の多くは、生態系ピラミッドの頂点にいて、草食動物や小さな肉食動物をおそって食べています。ほかの生き物をおそって食べる肉食動物のことを「捕食者」ともいいます。

　コワい生き物のきばやつめは、獲物をとらえたり息の根をとめたりする武器として発達してきました。しかし、実際には獲物をおそうときだけではなく、自分の身を守るために武器を使うこともあります。同じ肉食動物や大型の草食動物をおどかしたりコワがらせたりして、自分以外の捕食者などから身を守ります。

　このようなきばやつめは、まさに「猛獣」とよぶにふさわしい肉食動物だけがもつ、すぐれた武器なのです。

アムールヒョウ

オオワシ

ヤマカガシ

ワニ目全種

特定動物に指定された生き物の例

⚡法律で定められているコワい生き物「特定動物」

　特定動物とは、動物愛護管理法という法律で決められている、「人の生命や財産に害をあたえるおそれのある動物」のことです。つまり、にげだすと危険なコワい生き物といえます。そのため、特定動物を飼う場合は、各都道府県知事の許可をもらわなければなりません。

　しかし、特定動物は基本的にほ乳類・鳥類・は虫類に限定されていて、水中にすむ生き物や昆虫、両生類は例え毒をもっていても指定動物にはされていません。つまり、ヒョウモンダコやスズメバチ、ヤドクガエルのように、人体に危険をもたらす毒をもつ動物であっても指定されていないのです。なんと、サメも入っていません。

　特定動物は法律で定められたコワい生き物といえるかもしれませんが、特定動物に指定されていない生き物にも、危険で、コワい生き物がたくさんいるのです。

生き物のサイズはどうやって決まる？

アメリカのコディアック島
最大体重：800kg

チベットの奥地
最大体重：120kg

日本の北海道
最大体重：300kg

⚡ なぜ大きい？　なぜ小さい？

　生物学者であるドイツ人のクリスティアン・ベルクマンは、1847年、「恒温動物*は同種（同じ種）でも近縁種（よく似ているとされる種）でも、寒い地域に生息するものほど体が大きくなる」という研究成果を発表しました（ベルクマンの法則）。止まっていても熱を発している恒温動物は、寒い地域にすむものほど体を大きくして、体のなかに熱を保ちやすくしているのです。

　これはおふろのお湯とコップのお湯を思い出すとわかりやすいでしょう。コップのお湯よりも、より多いお湯が入っているおふろのお湯のほうが、冷めにくいですね。
　実際、北海道にすむエゾヒグマと、コディアック島にすむコディアックヒグマは、同じヒグマでもより寒い地域にくらすコディアックヒグマのほうが、大きなサイズに成長します。

* 恒温動物：気温とは関係なく、体温を一定に保つことができる生き物

⚡ ギネス記録！ 世界最長のニシキヘビ

　日本の本州にくらす大きなヘビといえば、アオダイショウが有名です。大きなもので2mほどになります。しかし、世界に目をむけてみると、南アジアや東南アジアにすむアミメニシキヘビがもっとも大きく、9mをこえる長さに成長するといわれています。

　これまでとらえられたアミメニシキヘビのギネス記録は、全長7.67m体重160kgで、メドゥーサという名前がつけられました。

　アミメニシキヘビの寿命は、野生では約20年、飼育されているものだと25年ほどあります。アオダイショウの寿命がだいたい10年ほどですので、アミメニシキヘビはヘビのなかでも長生きなほうです。

　は虫類のヘビは死ぬまで脱皮をくり返し、成長するといわれています。寿命が長いということは、脱皮をする回数も多くなるため、大きく成長するのです。

（写真提供：ギネス世界記録）

▶ アメリカのミズーリ州で飼育されている、ギネス記録をもつアミメニシキヘビのメドゥーサ

コディアックヒグマ
Kodiak bear

分類	食肉目クマ科
学名	*Ursus arctos middendorfii*

こんなに凶暴！

見よ！この巨体を!!

武器: きば　つめ　パワー　スピード　スタミナ　そのほか

基本データ
- 最大全長　2.8m
- 最大体重　800kg
- 生息域　アラスカ半島沿岸部やコディアック島付近の島々の森林

ヒグマの仲間の生息域

＊全長：鼻先から尾の先までの長さ

コディアックヒグマのすごいひみつ

すさまじい腕力と大きな体をもち、ヒグマのなかでも最強といわれるコディアックヒグマは、巨大な体で寒さをふせいでいます。

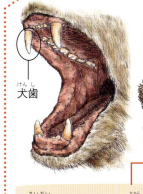
犬歯

とても鼻が良く、数km先のにおいもかぎつけることができるという。また、地面のなかにうめたエサのにおいもわかる。

最大400kgものかむ力をもつ。植物よりも肉を多く食べるため、獲物をとらえる犬歯はするどく発達している。

巨大な体のわりに足は意外と速く、時速50kmほどで走る。また、泳ぐのも苦手ではない。

筋肉のかたまりのようなうでと、獲物を引きさく強力なつめをもつ。人間なら一撃でひとたまりもなくふっとんでしまうことだろう。

「巨大化」のひみつ

寒い地域でくらす恒温動物の体は大きくなります。そのため、日本より北にすむコディアックヒグマはエゾヒグマの2〜3倍大きな体をしています（→p.10）。また、コディアックヒグマがくらす場所には、卵を生むためにたくさんのサケが川をのぼってきます。食料が豊富なため、ほかの地域にすむヒグマよりも大きくなるのです。

子グマは狩りなど一人で生きていくための方法を、2年ほどかけて母親から学び、成長していきます。

ヒグマとホッキョクグマの子ども

2006年、カナダ北部でホッキョクグマの母親と、ヒグマの父親のあいだに生まれた雑種のクマが見つかった。これまでにも動物園ではこのような雑種が生まれていたが、自然で発見されたのは初めて。地球温暖化の影響から生息域が重なるようになったのが原因ではと心配する研究者もいる。

ヒグマに似た大きく丸い顔で、ホッキョクグマのように白い毛をしている。

ほ乳類 ハイイロオオカミ
Gray wolf

分類	食肉目イヌ科
学名	*Canis lupus*

こんなに凶暴！

チームワークで巨大な獲物をも狩る！

基本データ
- 最大全長 160cm
- 最大体重 50kg
- 生息域 アフリカをのぞく北半球の森林に広く分布

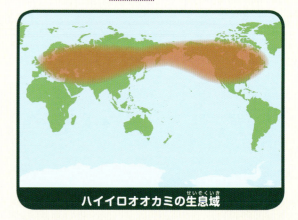

ハイイロオオカミの生息域

武器：きば ‥‥ 頭脳

* ハイイロオオカミは、タイリクオオカミ、シンリンオオカミともよばれる

ハイイロオオカミのすごいひみつ

世界最大のオオカミであるハイイロオオカミは、きびしい規律によって群れをまとめています。その反面、仲間を守る強いきずなをもっています。

行動範囲はとても広く、1日で数十km以上移動することもめずらしくない。また、イヌと比べると足が長いのが特徴。

嗅覚はとてもするどく、1km以上はなれた場所にいる獲物のにおいもかぎわける。

オオカミの目は少ない光を集めることができ、それにより暗闇でも狩りができる。

アフリカをのぞく北半球に広く生息しているが、体格はより寒い地域に生息するものほど大きく、なかには50kgほどになるものもいる。

⚡ チームワークで行動する頭脳集団

ハイイロオオカミは家族以外も仲間として受け入れ群れをつくります。群れにはきびしい上下関係や規律があります。集団で行う狩りでは、リーダーが獲物にあわせた作戦をたて、頭脳的に狩りをしています。それぞれが狩りにおける役割を決めることで、狩りの成功率をあげているのです。

いっぽうで、かれらは群れの子どもを守るなど仲間どうし強いきずなで結ばれています。

また、たいへん持久力にすぐれ、深い雪道でも獲物を追いかけまわすことができます。

小さかった日本のオオカミ

ハイイロオオカミ（奥）とニホンオオカミ（手前）

昔は日本にも「ニホンオオカミ」がいたが絶滅してしまった。本州、四国、九州に多くの数が生息していたが、1905年以降は見られなくなってしまった。体はハイイロオオカミと比べるとかなり小さく、全長は110cmていど、体重は約15kgだったと考えられている。

ほ乳類

アムールトラ
Siberian tiger

分類	食肉目ネコ科
学名	*Panthera tigris altaica*

こんなに凶暴！

ときにはヒグマもおそう！

基本データ
- 最大全長 3m
- 最大体重 300kg
- 生息域 ロシアと中国東北部周辺の森林

トラの仲間の生息域

武器 きば つめ パワー スピード スタミナ そのほか

アムールトラのすごいひみつ

獲物の息の根を止めるするどいきばと大きな体をもつアムールトラ。ウシなどの大型草食動物を狩り、ときにはヒグマと互角にわたりあうことも。そんなトラの天敵は私たち人間です。

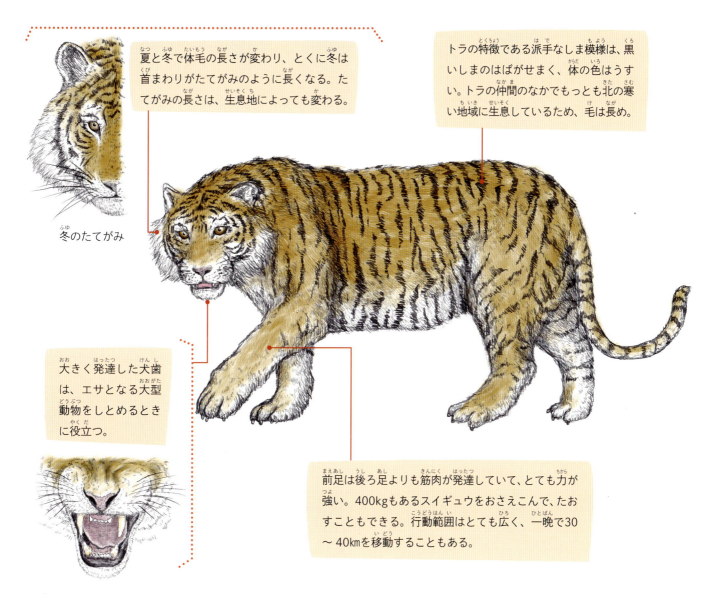

夏と冬で体毛の長さが変わり、とくに冬は首まわりがたてがみのように長くなる。たてがみの長さは、生息地によっても変わる。

冬のたてがみ

トラの特徴である派手なしま模様は、黒いしまのはばがせまく、体の色はうすい。トラの仲間のなかでもっとも北の寒い地域に生息しているため、毛は長め。

大きく発達した犬歯は、エサとなる大型動物をしとめるときに役立つ。

前足は後ろ足よりも筋肉が発達していて、とても力が強い。400kgもあるスイギュウをおさえこんで、たおすこともできる。行動範囲はとても広く、一晩で30～40kmを移動することもある。

⚡「ネコ科最強」のトラの敵は人間⁉

「ネコ科最強」といわれているアムールトラ。かれらはふつう単独で生活します。1頭あたりのなわばりは、東京都の約半分といわれるほどの広さですが、生活の場となる森林は人間によってたくさん伐採されてしまいました。

また、特徴的な模様をした毛皮や、くすりの原材料になると信じられている骨や脳などを手に入れようとする密猟*1者たちによって、多くのトラが狩られました。こうした乱獲*2により、野生のアムールトラの数は500頭ほどに減ってしまいました。現在、さまざまな保護活動が行われ、少しずつ生息数はふえつつあります。

*1 密猟：法律で禁止された場所や季節に、特定の生き物をこっそりつかまえること
*2 乱獲：自然にふえる速度以上に大量につかまえること

ネコ科の猛獣の仲間

ライオン

学名	*Panthera leo*
英名	Lion
全長	2.5m
体重	250kg
生息域	アフリカや中東、インドのサバンナや森林

あらゆる大型動物を群れでおそうライオン。1～4頭ほどのオスと多数のメスとその子どもからなる群れをつくる。狩りはおもにメスが行うが、大きな獲物を狩るときはオスが参加することもある。

チーター

学名	*Acinonyx jubatus*
英名	Cheetah
全長	150cm
体重	70kg
生息域	アフリカや中東のサバンナ

ネコ科でありながらつめの出し入れができないチーターの最高時速は120kmをこえる。つめはスパイクの役目をはたしているのだ。じまんのスピードで獲物を追いつめ狩りをする。

オオヤマネコ

学名	*Lynx lynx*
英名	Eurasian Lynx
全長	130cm
体重	35kg
生息域	ユーラシア大陸の森林

大型犬ほどの大きさにもなるネコで、イノシシをエサとすることもある。環境破壊や毛皮を目的とした密猟のほか、害獣として駆除*されたことにより個体数が大きく減っている。

*駆除：人に害をあたえる生き物を取りのぞくこと

# ライオンのたてがみはなぜあるの？

 ライオンのたてがみの役目は、正確にはわかっていません。ただし、いくつかの説があります。

首を守るため

オスのライオンにはたてがみがありますが、このたてがみはオスどうしや敵とのたたかいにおいて、急所である首を守るためにあるという説があります。

黒くふさふさとしたたてがみ　　ふつうのたてがみ

個体を区別するため

ライオンのたてがみには、黒いもの・明るい茶色のもの、ふさふさしたもの・短いものなど、いろいろあります。これらは、くらしている地域、年齢などによってちがいがあるため、1頭1頭の個体を区別するためにたてがみを使っていると考えられています。

短いたてがみ

猛獣が人をエサと認識？

トラやライオンはときに人を食い殺すことがある。野生の猛獣が一度人間をおそうと、私たち人間を簡単にとらえられるエサとして覚えることがあるという。19世紀にインドとネパールで、436人もの人間を食い殺したトラもいる。

ブチハイエナ
Spotted hyena

ほ乳類

分類	食肉目ハイエナ科
学名	*Crocuta crocuta*

こんなに凶暴!

強力なあごで骨をもむさぼる!

基本データ
- 最大全長 170cm
- 最大体重 85kg
- 生息域 サハラ砂漠以南のアフリカのサバンナ

ブチハイエナの生息域

ブチハイエナのすごいひみつ

ひきょうな生き物の代名詞のようにいわれるハイエナ。しかし、本当のかれらはハンターとしての高い能力と、仲間思いの一面をもっています。

裂肉歯

肉を切りさく裂肉歯が発達しており、かむ力はライオンより強力。ほかの肉食動物が食べないような骨もかみくだいて食べる。

スポーツ選手に例えるなら「マラソンランナー」。最高時速は60km程度で、スピードをあげなければ、一定の速度で獲物を追い続けることができる。

群れのなかでは鳴き声であいさつをし、数種類を使いわける。おもに不気味な鳴き声をしていて、暗闇のなかで人の笑い声とまちがわれることもある。

赤ちゃんの体毛はほぼ真っ黒だが、成長するにしたがいブチ模様となる。年をとると人間が白髪になるように毛も白くなり、ブチ模様がうすくなる。

⚡ 仲間思いのすぐれたハンター

世界に4種いるハイエナ科※のなかで、一番大きいのがブチハイエナです。ハイエナというと死んだ動物の肉を食べるイメージが強いですが、じつはハンターとしての高い能力をもち、積極的に狩りも行います。

ブチハイエナの社会はメスの順位が高く、リーダーもメスがつとめます。群れのなかでの順位がはっきりしているため、むやみにあらそいもおこりません。また、ケガで弱ったものがでても、エサは群れ全体でわけ合うため、生きていくことができます。

ハイエナと共存する人たち

エチオピアにある世界遺産に指定された街、ハラール。ここでは夜になるとハイエナが街中を歩きまわっている。ハラールの人たちはハイエナが悪霊を追いはらってくれる動物だと信じていて、400年も前からいっしょにくらしてきた。そして、ハイエナマンとよばれる人たちがかれらに肉をあたえており、今では観光名物にもなっている。

※ハイエナ科には、ブチハイエナ、カッショクハイエナ、シマハイエナ、アードウルフの4種がいる

ラーテル
Honey badger

ほ乳類

分類	食肉目イタチ科
学名	*Mellivora capensis*

こんなに凶暴！
ライオンだろうとこわくない！

基本データ
- 最大全長 80cm
- 最大体重 15kg
- 生息域 アフリカや中東、南アジアの乾燥地

ラーテルの生息域

武器: きば / つめ / パワー / スピード / スタミナ / そのほか …… 度胸、毒に強い

ラーテルのすごいひみつ

ハチミツが大好きでかわいらしい顔のラーテル。しかし、かれらはライオンをもおそれない度胸とそれに見合った武器をたくさんもっています。

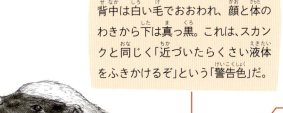

背中は白い毛でおおわれ、顔と体のわきから下は真っ黒。これは、スカンクと同じく「近づいたらくさい液体をふきかけるぞ」という「警告色」だ。

背中の分厚い皮ふで背後の攻撃から身を守る。

ラーテルは毒に強いため、コブラにかまれても数時間後にはなにごともなかったように動き出す姿が確認されている。

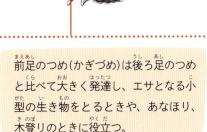

前足のつめ（かぎづめ）は後ろ足のつめと比べて大きく発達し、エサとなる小型の生き物をとるときや、あなほり、木登りのときに役立つ。

「ミツアナグマ」ともよばれるラーテルは、はちみつが大好き。ミツオシエという鳥に鳴き声でハチの巣のありかを教えてもらうかわりに巣をほりおこし、いっしょにハチミツをいただくという共生関係*にある。

⚡ 肝っ玉はギネス級

「目に入ったものはすべておそう！」といわれるほど気があらい性格から、ラーテルは「世界一こわいもの知らずの動物」として知られています。ライオンやスイギュウ、毒ヘビが相手だろうとラーテルが一歩も引かずに向かっていけるのは、きばなどをふせぐかたい毛やじょうぶな皮ふをもっており、毒がきかないからです。

また、危険を感じると肛門付近にある臭腺からくさい液体をふきかけて、敵を追いはらってしまいます。

大型のイタチの仲間

クズリ

学名：*Gulo gulo*
英名：Wolverine
全長：100cm
体重：30kg
生息域：ユーラシア大陸と北アメリカ北部の森林

ラーテルと同じイタチ科の動物。どう猛な性格で自分より大きなオオカミやヒグマから獲物を横どりすることがある。またヘラジカをもエサとし、その凶暴さから「小さな悪魔」とよばれている。

*共生関係：複数の種類の動物がたがいに関わりあいながら同じところで生活すること

フイリマングース
Small Indian mongoose

分類	食肉目マングース科
学名	*Herpestes auropunctatus*

ほ乳類

こんなに凶暴！

毒ヘビすらもやっつける！

基本データ
- 最大全長 35cm
- 最大体重 1kg
- 生息域 東南アジアや西アジアの森林や草地

フイリマングースの生息域

武器 きば つめ パワー スピード スタミナ そのほか……毒に強い

フイリマングースのすごいひみつ

日本にいるフイリマングースは猛毒のヘビ・ハブや、農作物を食べるネズミを駆除するために輸入されました。しかし、逆に今では駆除の対象に……。

小さくするどいきばをもち、とらえた獲物の肉を食いちぎることができる。

現在、日本にいるフイリマングースは外来生物法の特定外来生物[*1]に指定され、飼育、保管などは禁止されている。

細長い体と短い足は、地上での素早い行動にたいへん適している。

オス、メスとも肛門付近に臭腺をもち、敵におそわれたときにくさいにおいを放つ。

⚡ 人間にふりまわされた被害者

アジア各地に広く生息するマングース。もともとは日本にいない生き物でしたが、ハブにかまれる事故や、農作物を食べてしまうネズミの被害をふせぐために、人間の手によって沖縄や奄美諸島に放されました。ところが、かれらのエサとなったのはハブやネズミではなく、そこにすむ固有種や希少動物[*2]たちでした。また、逆にフイリマングースによって農作物を食いあらされる被害もおきています。

その結果、現在フイリマングースは駆除の対象になりました。かれらは人間の身勝手な行動にふりまわされた被害者ともいえるでしょう。

アフリカのマングースの仲間

ミーアキャット

学名：*Suricata suricatta*
英名：Meerkat
全長：30cm
体重：1kg
生息域：アフリカ南部のサバンナ

近年、ペットとしても飼われているミーアキャット。人によくなれることもあるが、もともとはあらい性格をしている。自然ではヘビやサソリなど危険な生き物をおそうこともある。飼育の際は十分に気をつけたい。

---

*1 2005年6月に施行された法律で、もともと日本にいた生き物(在来種)に害をあたえる外国から来た生き物(特定外来生物)を指定している
*2 「固有種」はその地域にしかいない生き物、「希少動物」は絶滅のおそれがある、数が少なくなってしまった生き物のこと

ヒョウアザラシ
Leopard seal

ほ乳類

分類	食肉目アザラシ科
学名	*Hydrurga leptonyx*

こんなに凶暴！

かわいいペンギンをガブリ！

基本データ

- 最大全長 3.5m
- 最大体重 450kg
- 生息域 南極大陸と周辺の海

ヒョウアザラシの生息域

武器: きば / つめ / パワー / スピード / スタミナ / そのほか

ヒョウアザラシのすごいひみつ

「最強のアザラシ」とよばれるかれらは、まさに海にくらすヒョウのよう。しかし、ダイバーとじゃれあう意外な一面ももっています。

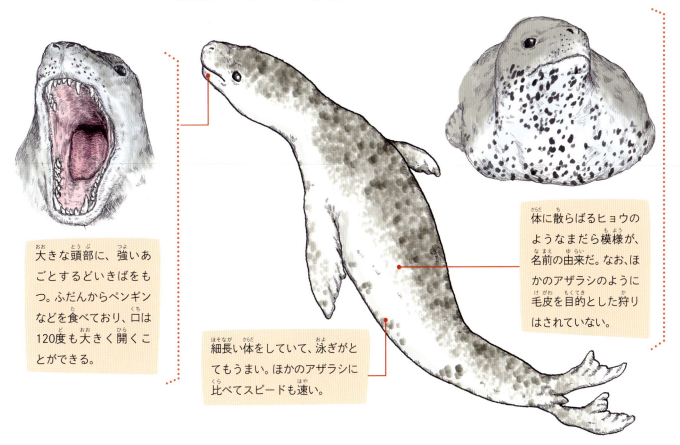

大きな頭部に、強いあごとするどいきばをもつ。ふだんからペンギンなどを食べており、口は120度も大きく開くことができる。

細長い体をしていて、泳ぎがとてもうまい。ほかのアザラシに比べてスピードも速い。

体に散らばるヒョウのようなまだら模様が、名前の由来だ。なお、ほかのアザラシのように毛皮を目的とした狩りはされていない。

⚡好奇心旺盛で人なつっこい面も

　ヒョウアザラシはほかのアザラシとちがってなわばりをもち、群れをつくらず単独で行動します。どう猛な性格で「海の猛獣」ともいわれるかれらは、高い知能ももち合わせています。氷の上の獲物をつかまえるため、氷の下を泳いで先まわりし、まちぶせすることもあるのです。

　また、ヒョウアザラシはアザラシの仲間で唯一、人間をおそいます。氷の上を歩いていた探検家がおそわれた事故もおきています。しかしその反面、好奇心がとても強く、ダイバーがもっているカメラをのぞきこんだり、ダイバーといっしょになって泳いだりすることもあります。

南半球のアザラシの仲間

ミナミゾウアザラシ

学名：*Mirounga leonina*
英名：Southern elephant seal
全長：5m
体重：5t
生息域：南極大陸と周辺の海

オスだけがもつ大きな鼻が名前の由来。1頭のオスが多数のメスとハレムをつくる。ハレムをめぐるオスどうしの戦いはたがいにかみつきあう非常にはげしいもので、どちらかが死ぬまで続くともいわれている。

オウギワシ
Harpy eagle

分類	タカ目タカ科
学名	*Harpia harpyja*

こんなに凶暴!

ナマケモノさえも獲物に！

武器 きば／つめ／パワー／スピード／スタミナ／そのほか

基本データ
- 最大全長 100㎝（翼開長* 2m）
- 最大体重 9kg
- 生息域 中央アメリカや南アメリカの森林

オウギワシの生息域

*翼開長：つばさを開いた状態で、両方のつばさのはしを結んだ長さ

28

オウギワシのすごいひみつ

大きなほ乳類も素早くとらえる狩りの名手で、そのようすはまさしく「魔物」です。しかし、一度夫婦となった相手と生がいをともにするほど愛情深い一面ももっています。

森林伐採や環境破壊により個体数は減りつつある。世界的に保護の対象となっている。

頭の上に長い「かざり羽」があり、敵に会ったときやこうふんしたときに扇状に広がる。

大きいだけでなく身体能力も高い。獲物を追うときには、時速80kmものスピードで森のなかを飛ぶことができる。

13cm以上にもなるするどいかぎづめと、100kg以上もある強力な握力でエサとなるほ乳類(サルやナマケモノなど)を一瞬で木から引きはがす。その巨大な力をささえる足首は女の人の手首ほどの太さだ。

⚡ 固いきずなで結ばれるペア

　英語では「ハーピーイーグル*」とよばれるオウギワシは、2～3年に一度繁殖行動を行います。卵は2つ生みますが、1つは予備なので、育てるのは1羽だけです。木の上につくった巣で、母親はつきっきりでヒナの世話をします。エサを運ぶのは父親の役目です。この子育ての期間は6カ月以上にもおよび、ヒナが一人で狩りができるようになるには2年近くかかるといいます。

　また、オウギワシは木がおいしげる密林でないと生きられません。かれらが生きていくためには自然豊かな森が必要です。

大型のタカの仲間

カンムリクマタカ

学名: *Stephanoaetus coronatus*
英名: African Crowned Eagle
全長: 90cm
体重: 4.5kg
生息域: アフリカ南部の森林

ふだんは小型のシカを食べているが、ときには自分よりはるかに重いマンドリルをおそうこともあるため、アフリカの人々からは「空飛ぶヒョウ」ともよばれている。

* ハーピーイーグル:顔からむね、こしのあたりまでが女性で、つばさと足が鳥の姿の魔物「ハーピー」が由来

は虫類

アミメニシキヘビ
Reticulated python

分類	有鱗目ニシキヘビ科
学名	*Python reticulatus*

こんなに凶暴！

ブタを丸のみ！ときには人も……

基本データ
- 最大全長 7.5m
- 最大体重 150kg
- 生息域 南アジアや東南アジアの森林

アミメニシキヘビの生息域

武器： きば・パワー

🔍 アミメニシキヘビの すごいひみつ

世界最長のヘビといわれるアミメニシキヘビ。人でさえエサとする猛獣ですが、じつはペットとして飼育している人もいます。

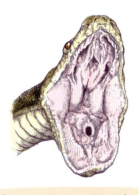

上あごと下あごの骨を外すことができる。下あごの骨にいたっては左右に分かれるため、エサを丸のみすることができる。

体重は100kgをこすこともめずらしくない。全身がほぼ筋肉でできており、木の上へもなんなく登ることができる。まきつく力もおそろしく強いため、4mをこす大きさになるとおとなの男性でも一人でははずせない。

ピット器官

アミメニシキヘビを含むニシキヘビ科やボア科のヘビは、口のそばに熱を感じるピット器官＊をもつ。これによって暗いなかでも獲物を見つけることができる。

環境への適応能力は高く、あたたかい地域であればどこにでもすみつくことができる。タイでは水路にすみついたアミメニシキヘビにイヌやネコがおそわれる事件があった。

⚡ ペットとしても飼われる美しい大蛇

今いるヘビのなかで、「最大（最長）」といわれているのが、南アジアや東南アジアにすむ美しい大蛇・アミメニシキヘビです。これまでに、大きいもので7.67mの個体がつかまえられていますが、9mをこすものもいるといわれます。

巨大なアミメニシキヘビは、おとなの人間をおそうこともある猛獣で、人をしめ殺したあと、丸のみにした事故もおきています。そんなコワいアミメニシキヘビですが、美しい色や模様をもつものが多く、じつはこの大蛇を飼育している人もいます。人の手による繁殖も行われているのです。

日本では特定動物（→p.9）に指定されているので、じょうぶな檻に鍵をつけるなどして絶対に逃げないようにしないと、飼育の許可がもらえません。

＊ピット器官：熱を感じる器官で、おもにエサをとるときに使われる。ニシキヘビ科、ボア科のほか、毒ヘビであるクサリヘビ科、マムシ亜科の一部のヘビがもつ。なお、毒ヘビのピット器官は目と鼻のあいだにある

大蛇の仲間

アフリカニシキヘビ

学名	*Python sebae*
英名	African rock python
全長	5m
体重	60kg
生息域	サハラ砂漠以南のアフリカの森林

アフリカニシキヘビはアフリカでもっとも大きなヘビで、気があらい個体が多く、あつかいづらいのが特徴。ときにはヒョウやワニを丸のみにすることもあるコワいヘビだ。

オオアナコンダ

学名	*Eunectes murinus*
英名	Green anaconda
全長	6m
体重	120kg
生息域	南アメリカ北部の湿地

アミメニシキヘビとならぶ世界最大級のヘビ。ただしアミメニシキヘビよりはるかに太く、重さだけならこちらが上だ。ほとんど水中でくらし、ワニなどもエサにする。前ぶれもなく、突然、とびかかってくることもあるため気がぬけないヘビだ。

⚡ 体長10mのヘビがいる？

オオアナコンダはこれまで、数多くの「怪物」目撃情報が伝えられてきました。例えば「2016年にブラジルで長さ10mのオオアナコンダが見つかった」などの情報です。しかし、ほとんどの情報がおおげさな大きさを伝えていて、確かな情報ではありません。これまで9mのヘビですら、確認できていないのです。

しかし、ヘビはほぼ一生成長し続けるため、ジャングルの奥に10mをこえる大蛇がひそんでいないとも限りません。

ヘビにはどうして足がない？

A ヘビの先祖であるトカゲには足がありましたが、進化の過程でなくなりました。

ニシキヘビにある足のあと

ヘビはトカゲから進化したといわれていて、進化していく過程でその足はなくなりました。ですが、ニシキヘビの仲間には、昔の名残で足のあとがあります。「総排泄腔」とよばれるおなかのあなのわきに、一対のつめのようなとげがあります。このとげは「けづめ」とよばれていて、先祖がトカゲだった証拠である足のあとなのです。けづめはオスのほうがより大きく、交尾のときに器用に動かしているようすがみられます。このけづめがあることは、さまざまな生き物たちは突然地球上にあらわれたわけではなく、進化のなかでいろいろな姿かたちになっていったということを表しています。

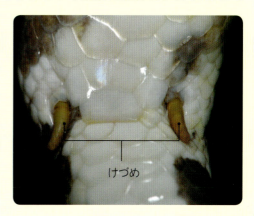

けづめ

足がないのはヘビだけじゃない？

ヘビと同じように進化で足をなくしたトカゲ、「アシナシトカゲ」がいます。足がないならヘビじゃないの？と思うかもしれませんが、かれらはトカゲです。じつはヘビとトカゲのちがいは足のあるなしによって決まっているわけではないのです。トカゲとヘビを見わけるポイントはいくつかあります。まずトカゲにはまぶたや耳こう（耳のあな）がありますが、ヘビにはありません。つまりヘビはまばたきをすることができず、音を聞くこともできません。さらにトカゲは自分からしっぽを切ってにげますが、ヘビにはこうしたことはできません。

▲アシナシトカゲ

トカゲ　まぶた

ヘビ

耳こう（耳のあな）

まぶたも耳こうももたない

は虫類

イリエワニ
Saltwater crocodile

分類	ワニ目クロコダイル科
学名	*Crocodylus porosus*

こんなに凶暴！

獲物を水中へ引きずりこむ！

 基本データ
- 最大全長　7m
- 最大体重　1t
- 生息域　東南アジアからオーストラリア北部の河川

武器：きば、つめ、パワー、スピード、スタミナ、そのほか

イリエワニの生息域

イリエワニのすごいひみつ

は虫類でもっとも大きな体をもつイリエワニ。かれらは淡水の川だけでなく、なんと海水でも生きられます。

陸の獲物を探すときは目だけを水面に出すが、水面に反射した光がじゃまにならないように、瞳をたてに細くしている。

同じは虫類のヘビとちがい、全身まとめて一気に脱皮はしない。体の表面はかたいうろこにおおわれており、ケラチン（かみの毛やつめなどをつくる成分）を含む皮ふの外側の層がポロポロとはがれ落ちるのがワニの脱皮だ。

あごの破壊力はすさまじく、かむ力は1tをこえるといわれる*1。ただし、あごを開く力は弱く、つかまえた際に口をテープでぐるぐる巻きにすると口を開けなくなる。

長いしっぽは筋肉のかたまりで力強い。数百kgもある自分の体を水面から垂直に飛び出させる力をもつ。このしっぽの推進力を使って、獲物に向かい飛びかかる。

⚡ 海をわたって日本に来ることも!?

イリエワニは河川のほか、河口などの汽水域*2に数多く生息しています。名前の「イリエ」は海の入江のことですが、かれらはなんとそのまま海へも足をのばし、流れに乗って島から島へ移動します。その結果、日本の奄美諸島や西表島、八丈島などに生きて流れ着いた記録もあります。

は虫類最大のイリエワニですが、ギネスブックに登録されている最大の個体は6.17mです。しかし、7mをこえるものもいるといわれます。

なお、ワニの仲間はほ乳類や鳥類と似たような音声でコミュニケーションをとることが知られています。

吻（口先）でわかるワニの種類のちがい

第4歯

クロコダイル科
口を閉じたときに下あごの「第4歯」が出ている。

第4歯は見えない

アリゲーター科
口を閉じると下あごの「第4歯」が口のなかにしまわれる。

鼻先にコブがある

ガビアル科
エサの魚を食べやすいよう、吻（口先）が細長い。

*1 有名な肉食恐竜・ティラノサウルスよりもあごの力が強いとする研究者もいる
*2 汽水域：川と海の水が混ざる場所

コモドオオトカゲ
Varanus komodoensis

分類	有鱗目オオトカゲ科
学名	*Crocodylus porosus*

は虫類

こんなに凶暴！
共食いまでする恐怖のモンスター!!

基本データ	
最大全長	3m
最大体重	120kg
生息域	インドネシアのコモド島やその周辺の島々の林

武器：きば／つめ／パワー／スピード／スタミナ／そのほか……毒

コモドオオトカゲの生息域

36

コモドオオトカゲのすごいひみつ

世界最大級のトカゲ・コモドオオトカゲ。おどろくべきことに、かれらはメスだけで卵を生んで子孫を残すことができます。

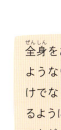

かつては、口のなかにいる細菌によって、かみついた相手を敗血症*1にさせると考えられていた。最近になって歯のあいだにある毒腺から出るヘモトキシン*2という毒によって、相手を失血死（血が少なくなって死ぬこと）させることがわかった。

全身をおおうヨロイのようなウロコは固いだけでなくのびちぢみするようにできており、とてもがんじょうだ。

子どものころは木の上ですごすことが多く、長いつめは木登りに役立つ。また、エサをしっかりとつかむのにも便利だ。

しっぽは平たいが、とても分厚い。むちのようにしならせ、相手にたたきつけて攻撃するほか、泳ぐ際にも使われる。

⚡ ふしぎな生態をもつドラゴン

コモド島の捕食者であるかれらは、さまざまな生き物をエサとしています。とくに大型の獲物に対しては、相手が弱りはてるまで、何日でも根気強く追いかけます。ねらわれた獲物は、かまれたところから入りこんだ毒によって、例えにげられたとしてもそのままゆっくりと死んでいきます。

「コモドドラゴン」ともよばれおそれられるかれらは、ふしぎな生態をもっています。ふつう卵を生むには、オスとメスとの繁殖行動が必要ですが、コモドオオトカゲはメスだけで卵を生んで子孫を残すことができるのです。

なぞが多い単為生殖

コモドオオトカゲは、ふつうはオスとメスとで繁殖行動を行い、卵を生んでいる。しかし、オスと出会う機会がなくなったメスは、メスだけで卵を生むことがある。これを単為生殖という。単為生殖で生まれたコモドオオトカゲの子どもはオスが生まれる。単為生殖は子孫を残すためだと考えられているが、まだわかっていないことも多い。

単為生殖するおもなは虫類	
ヘビの仲間	アミメニシキヘビ、ヌママムシ、カパーヘッド
トカゲの仲間	コモドオオトカゲ、オガサワラヤモリ

*1 敗血症：細菌が血に入って全身にまわり、内蔵などに障害をおこす
*2 ヘモトキシン：血が止まらなくなる物質

は虫類

ワニガメ
Alligator snapping turtle

分類	カメ目カミツキガメ科
学名	*Macrochelys temminckii*

こんなに凶暴！

竹すら割るあごの力！

基本データ	
最大全長	100cm
最大体重	110kg
生息域	北アメリカ南東部の流れのゆるやかな河川や湖

武器: きば・つめ・**パワー**・スピード・スタミナ・そのほか

ワニガメの生息域

ワニガメの すごい ひみつ

「ワニ」の名がつくように、おそろしくかむ力の強いあごをもっています。しかし、その危険性から多くのワニガメが飼いきれずにすてられています。

カメのこうらの一番高い部分が椎甲板。その両わきが肋甲板、そしてこうらの左右のふちが縁甲板といわれる部分だ。このうち椎甲板と肋甲板に計3本のキール*がある。

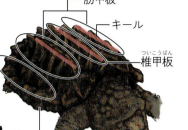

肋甲板 / キール / 椎甲板 / 縁甲板

ピンク色のしたをミミズのように動かして、エサの魚をさそう。力が強く、カギ状になった口の形もあり、一度つかまったエサはほぼにげることができない。

するどいつめは、繁殖期に卵を生むためのあなをほるときに使われる。また、つめのほかに水かきがあるため、巨体でも水中で自由に動ける。

ワニガメやその仲間のカミツキガメは水の底をはい回ってエサを探す。この性質から、原産地の北アメリカでは池や沼にしずんだ死体をさがすときに、これらのカメを利用することがある。

⚡ 北米の巨大ガメが各地で発見？

見るからにコワそうなその姿は、映画「ガメラ」のモデルになりました。体はとても大きく、成長すると全長100cmをこすほどです。ペットとしても人気でしたが、おとなになるとその大きさと危険性から飼いきれずにすてられるワニガメが大量に出て問題となっています。すてられたワニガメは、元から日本にいた生き物に大きな影響をあたえてしまいます。

かれらは食用やペットにするために、人間によって乱獲された被害者でもあるのです。

危険な生き物を飼う覚悟

エサの魚を、骨ごとかみくだくワニガメ。かれらは飼育に許可がいる「特定動物」だ。逆にいえば、許可があれば飼うことができるが、絶対にかまれないようにしよう。大けがをするだけでなく、かんだワニガメも悪い印象を受けてしまう。危険な生き物を軽い気持ちで飼うと、かれらのためにもならないのだ。

＊キール：こうらにある盛りあがった筋

オオメジロザメ
Bull shark

分類	メジロザメ目メジロザメ科
学名	*Carcharhinus leucas*

魚類

こんなに凶暴！

どう猛な海の殺し屋！

基本データ
- 最大全長 4m
- 最大体重 300kg
- 生息域 熱帯・温帯の沿岸

武器: きば / つめ / **パワー** / スピード / スタミナ / そのほか

オオメジロザメの生息域

オオメジロザメのすごいひみつ

「人食いザメ」のなかでもとくにどう猛だとされるオオメジロザメ。かれらは高い環境適応能力をもち、淡水でも活動することができます。

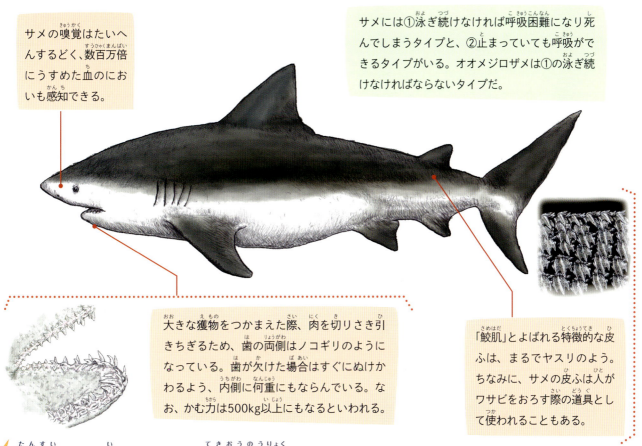

サメの嗅覚はたいへんするどく、数百万倍にうすめた血のにおいも感知できる。

サメには①泳ぎ続けなければ呼吸困難になり死んでしまうタイプと、②止まっていても呼吸ができるタイプがいる。オオメジロザメは①の泳ぎ続けなければならないタイプだ。

大きな獲物をつかまえた際、肉を切りさき引きちぎるため、歯の両側はノコギリのようになっている。歯が欠けた場合はすぐにぬけかわるよう、内側に何重にもならんでいる。なお、かむ力は500kg以上にもなるといわれる。

「鮫肌」とよばれる特徴的な皮ふは、まるでヤスリのよう。ちなみに、サメの皮ふは人がワサビをおろす際の道具として使われることもある。

⚡ 淡水でも生きられる適応能力

オオメジロザメは温帯や熱帯地方の沿岸に広く分布しており、日本では沖縄周辺で見ることができます。別名の「ウシザメ」は英名のBull sharkを訳したものですが、体がたいへん大きくなることをよく表しています。

かれらは淡水でも生きることができ、海から数千kmはなれた河川や、海とつながっていない湖で見つかることもあります。なぜ淡水で生きられるのかは明らかになっていませんが、おもに繁殖期を淡水ですごす個体が多いようです。川をのぼってくることができるため、人間と出会う機会も多いといえます。

赤ちゃんをおなかで育てる!?

オオメジロザメは卵胎生といって、卵をおなかのなかでかえす。おなかのなかでかえった卵が子ザメとなって、外に出てくるまでの期間は人と同じく10カ月ほどだ。サメにはいろいろな子どもの生み方があり、ふつうの魚のように卵を生んでふえる「卵生」、人間と同じくへその緒でおなかの子どもに栄養を送る「胎生」というものもある。

アリゲーターガー
Alligator gar

分類	ガー目ガー科
学名	*Atractosteus spatula*

(写真提供：鳥羽水族館)

こんなに凶暴！

まちがえてトリをおそうことも―！

基本データ
- 最大全長　3m
- 最大体重　150kg
- 生息域　北アメリカ南東部の流れのゆるやかな河川と湖

武器：きば／つめ／パワー／スピード／スタミナ／そのほか

アリゲーターガーの生息域

アリゲーターガーのすごいひみつ

成長期の成長速度は1日2mmともいわれるほど速く、成魚では3mにもなる巨大な個体も。しかし、見かけによらず性格はおだやかです。

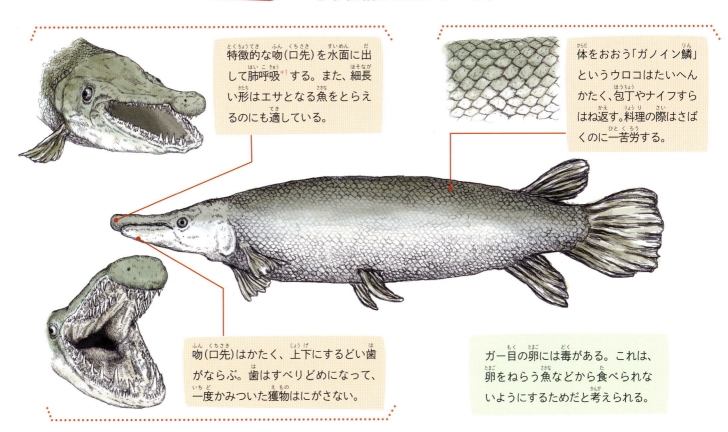

特徴的な吻(口先)を水面に出して肺呼吸*1する。また、細長い形はエサとなる魚をとらえるのにも適している。

体をおおう「ガノイン鱗」というウロコはたいへんかたく、包丁やナイフすらはね返す。料理の際はさばくのに一苦労する。

吻(口先)はかたく、上下にするどい歯がならぶ。歯はすべりどめになって、一度かみついた獲物はにがさない。

ガー目の卵には毒がある。これは、卵をねらう魚などから食べられないようにするためだと考えられる。

⚡ 見た目はコワいがじつはおだやかな性格

恐竜がいた時代から現代までほぼ姿を変えていないため、生きた化石ともいわれます*2。アリゲーターガーが属するガー目の仲間は、ワニのような頭をしていて、エラからだけでなく、口でも呼吸しなければ生きられません。

ガー目のなかでもっとも巨大になるのが、アリゲーターガーです。なかには3mほどに成長するものもいます。見た目がとてもコワいため凶暴そうに見えますが、じつはおだやかな性格で、野生のなかで人がおそわれるようなことはまずありません。

日本に定着したアリゲーターガー

ペットのアリゲーターガーが、大きくなりすぎて飼いきれずにすてられ、日本で野生化する例が多数報告されている。野生化したアリゲーターガーは日本の生き物に影響をおよぼすおそれが高いため、「特定外来種生物」に指定された。特定外来種生物に指定された生き物は、原則として飼育禁止になる。

定着した外来種

	移入の時期	目的	定着した場所
ウシガエル	1918年	食用	本土全域
オオクチバス	1925年	食用、釣り	河口湖(山梨)ほか
ヌートリア	1939年	毛皮	本州中部
アライグマ	1962年	ペット	本土全域

*1 肺呼吸:多くの魚はエラを使い、水中にとけている酸素を取り入れるが、ガー目は浮き袋が肺のような役目をして、空気中からも酸素を取り入れる
*2 このように恐竜がいた時代やそれよりも前から姿を変えずに生きてきた魚は「古代魚」とよばれる

デンキウナギ
Electric eel

魚類

分類	デンキウナギ目デンキウナギ科
学名	*Electrophorus electricus*

（写真提供：鳥羽水族館）

こんなに凶暴！

電圧1000Vでウマも感電！

基本データ
- 最大全長　2.5m
- 最大体重　20kg
- 生息域　南アメリカ北部のアマゾン川流域

武器: きば / つめ / パワー / スピード / スタミナ / そのほか …… 電気

デンキウナギの生息域

デンキウナギのすごいひみつ

大型動物さえショックで気絶させてしまう発電力をもつデンキウナギ。なんと、体のほとんどが発電機なのです。

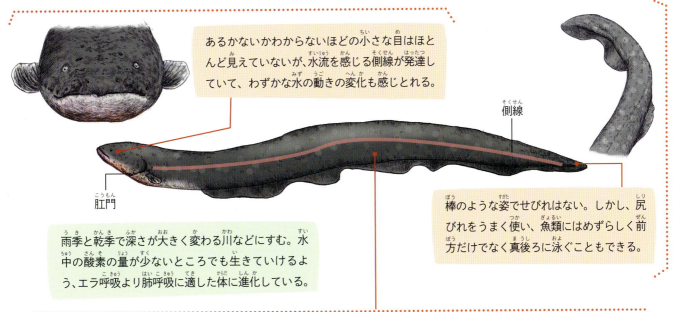

あるかないかわからないほどの小さな目はほとんど見えていないが、水流を感じる側線が発達していて、わずかな水の動きの変化も感じとれる。

側線

肛門

棒のような姿でせびれはない。しかし、尻びれをうまく使い、魚類にはめずらしく前方だけでなく真後ろに泳ぐこともできる。

雨季と乾季で深さが大きく変わる川などにすむ。水中の酸素の量が少ないところでも生きていけるよう、エラ呼吸より肺呼吸に適した体に進化している。

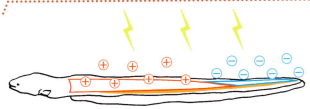

発電機は筋肉細胞が「発電板」という細胞に変化したもの。最大級に放電する際は、数千という数の発電板でいっせいに発電させるため、最高電圧は1000Vにものぼる。なお、体の頭寄りにプラス極、しっぽ寄りにマイナス極が集中しており、電気は頭からしっぽに向かって流れる。

⚡ 体の5分の4が発電機の怪魚

小さな目に笑ったような口……。見た目は「いやし系」ですが、ワニやウマにも大きなダメージとなる巨大電圧を放電し、ショックをあたえます。内臓類はすべて胸部にあり、エラのすぐ下に肛門がありますが、その後ろはすべて発電機になっているのです。

デンキウナギはにごった川や池、湖にすみ、また夜行性＊なこともあって、目はほとんど見えません。しかし、水の流れの変化を感じとる側線が発達しているため、これで周囲のようすがわかります。エサや敵が近づくと、体をうねらせて放電、一瞬で相手を気絶させます。

発電魚の仲間

デンキナマズ

学名：*Malapterurus electricus*
英名：Electric catfish
全長：100cm　体重：20kg
生息域：アフリカ北部から西部の河川や湖

最大電圧は400Vといわれ、デンキウナギに次ぐ電圧を放つ。発電のしくみはデンキウナギと同じだが、こちらは頭寄りがマイナス極、しっぽ寄りがプラス極でしっぽから頭に向かって電気が流れる。デンキウナギと比べ、あまり泳ぎ回らないのが特徴。

＊夜行性：夜のあいだに活動する動物の性質

おわりに

　私は、物心ついたころから生き物が大好きでした。興味の対象の中心にあるのはつねに生き物で、それは30年以上たった今でも変わりありません。職業もペットショップ勤務ですし、実際に自宅で飼育している生き物も多いので、毎日本当にかれらに囲まれてくらしています。

　さて、みなさんは今回登場する生き物にどんなイメージをもっていましたか？　おそらくとても「凶暴」でコワいイメージでしょう。ですが、本来凶暴という字は人間に当てはまる言葉で、生き物に当てはめるならば「強暴」とするのが正しい使い方だと私は思います。強暴とは、強い力をもち、なにかがあったときにその力をもってして暴れることができるという意味です。ね？　このほうがこの本に出てきた生き物にも合っていませんか？　これを理解しながら生き物のことを考えると人間は本当に勉強になることが多いのです。

　現在は生き物を見る機会、学ぶ機会が本当に減りました。だからなのか、ペットショップで働いていると「エサとして売られている冷凍のマウスやヒヨコは、解凍すると生き返るの？」など、子どもからおどろくような質問をされることがあります。生き物だけでなく「命」にふれあったり感じたりする機会が本当に少なくなってきていると実感します。だからこそ、みなさんに実際に生き物を見ていただきたいのです。自然のなかでもペットショップでも動物園でも水族館でも、目の前にいる生きた教科書であるかれらを見ていただきたいのです。動物好き・生き物好き、いろいろ言い方はありますが、「命好き」になってもらいたいのです。そう、命の重みはどんな生き物も変わりがなく、尊いものなのです。

　本書を執筆するにあたり、私がこの職業を選ぶきっかけになった当社の工藤裕幸社長に多大なる御礼を申し上げます。また、監修者の新宅広二先生には貴重な助言をいただき感謝いたします。私を紹介してくださった川添宣広さん、イラストを担当していただいた大明さん、協力・アドバイスをくれた白輪剛史さん、冨水明さん、町田英文さん、藤田征宏さん、藤井智之さん、星克巳さん、加藤学さん、だっくす小峰さん、鶴田賢二さん、小島健太郎さん、小林祥希さん、浅野芳守くん、お客様たち、私につねに影響をあたえてくれる野村潤一郎先生、動物業界のみなさん、天国の三枝智人さん、いつも助けてくれるスタッフのみんな、工藤宏美さん、そして最後になりますが、私のことを毎日支えてくれる家族に心から感謝の意をおくります。

熱帯倶楽部 マネージャー　髙橋剛広

さくいん

あ行

- アシナシトカゲ …………………………… 33
- アフリカニシキヘビ ……………………… 32
- アミメニシキヘビ ……… 11, 30, 31, 37
- アムールトラ ……………………… 16, 17
- アムールヒョウ ……………………………… 9
- アライグマ ………………………………… 43
- アリゲーターガー ………………… 42, 43
- イリエワニ ………………………… 34, 35
- ウシガエル ………………………………… 43
- エゾヒグマ ………………………… 10, 13
- 縁甲板 ……………………………………… 39
- オウギワシ ………………………… 28, 29
- オオアナコンダ …………………………… 32
- オオクチバス ……………………………… 43
- オオメジロザメ …………………… 40, 41
- オオヤマネコ ……………………………… 18
- オオワシ …………………………………… 9
- オガサワラヤモリ ………………………… 37

か行

- ガノイン鱗 ………………………………… 43
- カパーヘッド ……………………………… 37
- カンムリクマタカ ………………………… 29
- キール ……………………………………… 39
- 希少動物 …………………………………… 25
- 魚類 …………………………… 40, 42, 44
- クズリ ……………………………………… 23
- 警告色 ……………………………………… 23
- けづめ ……………………………………… 33
- 恒温動物 …………………………… 10, 13
- コディアックヒグマ ……… 10, 12, 13
- コモドオオトカゲ ………………… 36, 37

さ行

- 固有種 ……………………………………… 25
- シンリンオオカミ ………………………… 14
- スズメバチ ………………………………… 9
- 生態系ピラミッド ………………………… 8
- 草食動物 …………………………………… 8

た行

- 胎生 ………………………………………… 41
- タイリクオオカミ ………………………… 14
- たてがみ …………………………………… 19
- 単為生殖 …………………………………… 37
- チーター …………………………………… 18
- 鳥類 ………………………………………… 28
- 椎甲板 ……………………………………… 39
- デンキウナギ ……………………… 44, 45
- デンキナマズ ……………………………… 45
- トカゲ ……………………………… 33, 36, 37
- 特定動物 …………………………… 9, 31, 39
- トラ ………………………………… 16, 17, 19

な行

- 肉食動物 …………………………………… 8
- ニシキヘビ …… 11, 30, 31, 32, 33, 37
- ニホンオオカミ …………………………… 15
- ヌートリア ………………………………… 43
- ヌママムシ ………………………………… 37

は行

- ハイイロオオカミ ………………… 14, 15
- は虫類 ………………………… 30, 34, 36, 38
- 発電魚 ……………………………………… 45
- ヒグマ ……………………………… 10, 12, 13
- ヒョウアザラシ …………………… 26, 27
- ヒョウモンダコ …………………………… 9

ま行（左段）

- フイリマングース ………………… 24, 25
- ブチハイエナ ……………………… 20, 21
- 吻 …………………………………… 35, 43
- ベルクマンの法則 ……………………… 10
- 捕食者 ……………………………… 8, 37
- ホッキョクグマ ………………………… 13
- ほ乳類 ………………… 12, 14, 16, 20,
- ………………………………… 22, 24, 26

ま行

- ミーアキャット ………………………… 25
- ミツアナグマ …………………………… 23
- ミツオシエ ……………………………… 23
- ミナミゾウアザラシ …………………… 27

や行

- ヤドクガエル …………………………… 9
- ヤマカガシ ……………………………… 9

ら行

- ラーテル ……………………… 22, 23
- ライオン ……………………… 18, 19
- 卵生 ……………………………… 41
- 卵胎生 …………………………… 41
- 肋甲板 …………………………… 39

わ行

- ワニガメ ………………………… 38, 39

◆監修者

新宅広二（しんたく・こうじ）
生態科学研究機構 理事長

専門は動物行動学と教育工学。大学院修了後、上野動物園勤務。その後、国内外のフィールドワークを含め400種類以上の野生動物の生態や飼育方法を修得。狩猟免許ももつ。大学で20年以上教鞭をとる。監修業で国内外のネイチャー・ドキュメンタリー映画や科学番組など300作品以上をてがけるほか、動物園・水族館・博物館のプロデュースにおいても実績がある。著書は『すごい動物学』（永岡書店、2015）など多数。

◆著者

髙橋剛広（たかはし・たけひろ）
有限会社エヌ・シー 熱帯倶楽部 マネージャー

物心ついた頃から生き物全般に興味をもち、つねに生き物に囲まれながらくらす。高校卒業後は料理の道へ進み専門学校へ進学・卒業。その後、製菓・イタリア料理を経て、ペット業界の道へ進み現在にいたる。また、家では100匹近くの生き物とくらし、そのジャンルは、犬・猫・小動物・は虫類・両生類・鳥類・猛禽類・魚類とさまざま。ただし、カエルだけはコワい。

◆イラスト

大明（ともあき）

◆写真撮影

川添宣広（かわぞえ・のぶひろ）

◆写真協力

エンドレスゾーン／オリュザ／加藤充宏／カフェリトルズー／カメランドヒグチ／桑原佑介／どうぶつ共和国ウォマ＋／藤井智之／プミリオ／猛禽屋／リミックス ペポニ／レップジャパン／ワイルドスカイ／aLiVe／iZoo

◆写真提供

アクア・トトぎふ／イメージナビ／おきなわカエル商会／ギネス世界記録／鳥羽水族館／熱帯倶楽部／東山動物園／ピクスタ／フォトライブラリー／よこはま動物園ズーラシア

◆編集・デザイン

ジーグレイプ株式会社

コワい生き物のすごいひみつ
❶凶暴な生き物はすごい！

2018年3月15日　第1刷発行

監修者　新宅広二
著　者　髙橋剛広
発行者　上野良治
発行所　合同出版株式会社
　　　　〒101-0051　東京都千代田区神田神保町1-44
　　　　電話 03（3294）3506 ／ FAX 03（3294）3509
　　　　振替 00180-9-65422
　　　　http://www.godo-shuppan.co.jp/
印刷・製本　株式会社シナノ

■刊行図書リストを無料送呈いたします。
■落丁・乱丁の際はお取り換えいたします。

本書を無断で複写・転訳載することは、法律で認められている場合を除き、著作権および出版社の権利の侵害になりますので、その場合にはあらかじめ小社あてに許諾を求めてください。

ISBN978-4-7726-1326-2　NDC480　257 × 210
©g.Grape Co.,Ltd. 2018

生き物のわけ方

　生き物は、大きなくくりから順に「界」「門」「綱」「目」「科」「属」「種」という階級でグループわけされています。同じ特徴を多くもつ種を集めて、属というグループをつくるように、科は似た属をまとめて、目は似た科をまとめてつくられています。

　動物園などでは「○○目○○科」と解説板にしめされています。目と科がわかれば、どの生き物どうしが近い仲間かわかります。

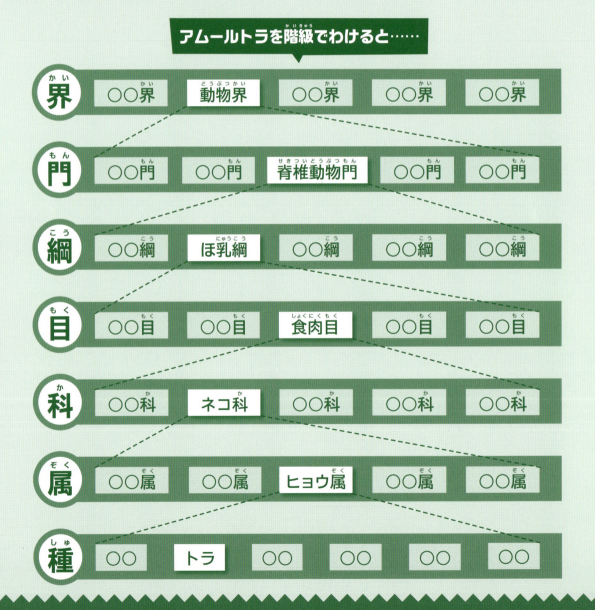

アムールトラを階級でわけると……